居民版
垃圾分类指导手册

主编：郑中原　刘　源

漫画：郑中原

U0293955

人民交通出版社股份有限公司
China Communications Press Co.,Ltd.

图书在版编目（CIP）数据

垃圾分类指导手册：居民版 / 郑中原，刘源主编
. -- 北京：人民交通出版社股份有限公司，2019.4
ISBN 978-7-114-15456-0

Ⅰ．①垃…　Ⅱ．①郑…②刘…　Ⅲ．①垃圾处理—手册　Ⅳ．① X799.3-62

中国版本图书馆 CIP 数据核字（2019）第 063792 号

Laji Fenlei Zhidao Shouce　（Juminban）
书　　　名：**垃圾分类指导手册**（居民版）
著 作 者：郑中原　刘 源
漫　　　画：郑中原
责 任 编 辑：郭红蕊　张征宇
责 任 校 对：尹　静
责 任 印 制：张　凯
出 版 发 行：人民交通出版社股份有限公司
地　　　址：(100011) 北京市朝阳区安定门外外馆斜街 3 号
网　　　址：http://www.ccpress.com.cn
销 售 电 话：(010)59757973
总 经 销：人民交通出版社股份有限公司发行部
印　　　刷：北京盛通印刷股份有限公司
开　　　本：720×980　1/16
印　　　张：3.25
字　　　数：50 千
版　　　次：2019 年 4 月　第 1 版
印　　　次：2021 年 9 月　第 4 次印刷
书　　　号：ISBN 978-7-114-15456-0
定　　　价：25.00 元

前言

　　近年来，我们没少品尝环境污染所带来的苦果。伴随着经济发展的步伐，接踵而至的环境问题严重影响了大家的生活质量。而具体到离百姓最近的社区生活，首要的问题肯定就是垃圾处理。而治理垃圾污染的关键，就在于我们每一个社区、每一户家庭、每一位居民能否切实行动起来，从源头上做好垃圾分类、垃圾减量等工作。

　　习近平总书记指出："我们既要绿水青山，也要金山银山。宁要绿水青山，不要金山银山，而且绿水青山就是金山银山。"可见，不注重环境保护就会丢掉绿水青山，而没有了绿水青山，即便是金山银山也不能令生活更加幸福。那么，就让我们从日常生活中的点滴做起，厉行垃圾分类，建设整洁、美丽的和谐社区。

　　本书将以科学的视角和生动的形式为大家解读垃圾分类的基本要素，并为日常垃圾分类提供详细、准确的指导，同时延展出一些与垃圾处理和垃圾减量相关的环保知识。

作　者
2019 年 4 月

目录

垃圾围城的困境

人们的日常生活想要不产生垃圾是不可能的，无论是直接的还是间接的，我们每天的生活中都会产生许多垃圾。

《中华人民共和国固体废物污染环境防治法》第八十八条明确规定：生活垃圾，是指在日常生活中或者为日常生活提供服务的活动中产生的固体废物以及法律、行政法规规定视为生活垃圾的固体废物。

以北京市为例，每天产生的垃圾达 2 万吨左右，而一年下来则可达数百万吨。如果将这些垃圾按照 5 米高 ×1 米宽的规格沿着北京市三环路堆放开去，那么全长 48 公里的三环路将被这些垃圾围绕 20 多圈！

日常生活中，我们一般会把垃圾和一些消极、负面甚至贬义的词汇相联系，例如肮脏、恶臭、无用、废品……但从科学的角度来讲，大家需要正确认识到：**没有真正意义上的垃圾，只有放错地方的资源！** 而我们开展垃圾分类行动的意义和价值就在于——让眼前的"垃圾"更顺利、更高效地再次转化为有用的"资源"！

垃圾处理的难处

填埋

由于垃圾产量大，技术和经费又有限，所以目前我国 85% 的垃圾采用填埋处理方式。

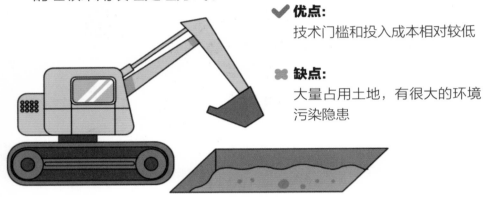

✔ **优点：**
技术门槛和投入成本相对较低

✖ **缺点：**
大量占用土地，有很大的环境污染隐患

堆肥

主要针对生物性有机垃圾，例如厨余垃圾、人畜粪便、农业废物等。

✔ **优点：**
可将垃圾资源化，产生甲烷（作为燃料）、腐殖质（作为肥料及改良土壤）等有用物质

✖ **缺点：**
仅可处理一部分有机垃圾，而且处理周期较长，消解能力和消解速度都很有限

焚烧

将垃圾投入专用的焚烧系统进行烧毁。

✔ **优点:**

大幅缩小垃圾的重量和体积，可产生电能和热能

✖ **缺点:**

环保控制成本较高，需要大量专业设备对焚烧过程中
产生的污染物进行无害化处理，资金和技术投入较大

由于人口众多、垃圾产量极大，并且技术手段和资金又十分有限，所以目前我国垃圾处理方式只能以占地多、污染大的填埋方式为主，处理能力有限和技术、成本要求较高的堆肥、焚烧方式相对较少。

垃圾治理的途径

通过上述两点我们不难了解到，垃圾问题已经严重威胁到了我们的生活和环境质量。我国于 20 世纪末至 21 世纪初，先后颁布实施了《中华人民共和国固体废物污染环境防治法》和《中华人民共和国循环经济促进法》，提出垃圾治理的"减量化、资源化、无害化"（简称"三化"）原则，为垃圾治理工作提供了法律保障。2011 年 11 月 18 日，北京市第十三届人民代表大会常务委员会第二十八次会议上通过了《北京市生活垃圾管理条例》，并于 2012 年 3 月 1 日起正式施行。

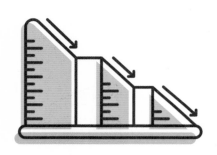

减量化

是指在生产、流通和消费等过程中减少资源消耗和废物产生，以及采用适当措施使废物量（含体积和重量）减少的过程。

资源化

是指将废物直接作为原料进行利用或者对废物进行再生利用，也就是采用适当措施实现废物的再生和利用过程。（资源化处理不仅可以消灭垃圾，还能变废为宝。）

无害化

是指在垃圾的收集、运输、储存、处理全过程中减少或者避免对环境和人体健康造成不利影响。

垃圾分类的好处

一起参与垃圾分类，
好处大大的！

想要做到上述的"三化"，就需要我们从源头上做好垃圾的"预处理"，而这种"预处理"最科学合理、简便易行的办法正是"垃圾分类"。准确的垃圾分类，可以把适用于同一种处理方法的垃圾放到一起，这样就可以让它有的放矢地去往合适的垃圾处理场所。一直以来，我国垃圾处理效率不高、效果不好的主要原因之一，就是各种各样的垃圾混杂在一起，被送到处理厂后仍然处于一种无法直接处理的状态。因此，还要投入大量的人力、物力进行分拣，而且这样做的效果也不如从源头进行垃圾分类。可见，垃圾分类只是我们日常生活中的举手之劳，但却可以让垃圾处理效果大大提升，何乐而不为呢？

小贴士　博古通今

　　大家可不要以为垃圾治理是近现代才出现的话题，历朝历代的古人都曾制定过关于垃圾治理和奖惩的法令，其中有一些还十分严苛呢！例如：

　　据古籍《韩非子·内储说上》记载，商朝时，如果有人将垃圾等脏物随意倾倒在公共道路上，将会被处以"断手"的重罚！

　　战国时期，在城池官道上乱扔垃圾的人，脸上会被刺字，还要被罚守城 4 ～ 6 年。

　　据古籍《唐律疏议》记载，唐朝时，对于在城中随意取土挖坑造成灰土阻塞街巷的人，将处以杖责六十的处罚，而且没有尽到监管责任的官员将一并受罚。

　　直到宋代，对于乱扔垃圾者，仍然沿用唐代所制定的这一惩戒方法。

　　由此可见，古人对垃圾治理问题就已彰显决心，虽然其中有些惩戒手段过于残酷或者已不适用于当今社会，但我们又何尝不能将这种环保意识加以借鉴并且做得更好呢？

目前，在北京市实行的垃圾分类规范中，将垃圾分为四大类，分别是：厨余垃圾、可回收物、有害垃圾、其他垃圾。北京市环卫部门用四种颜色的垃圾桶来区分这四类垃圾。

厨余垃圾
Food Waste

可回收物
Recyclable

绿色垃圾桶

用于盛放家庭中产生的易腐食物垃圾，主要包括菜帮、菜叶、剩菜、剩饭、果皮、果核、鱼刺、细骨等。

蓝色垃圾桶

用于盛放回收后经过再加工可以成为崭新材料或者经过处理可以再利用的物品，主要包括纸类、塑料类、玻璃类、金属类、织物类等。

红色垃圾桶

用于盛放有毒有害垃圾，如含有重金属的废旧蓄电池、荧光灯管、水银温度计等，是垃圾无害化的起始环节。

灰色垃圾桶

用于盛放除上述厨余垃圾、可回收物、有害垃圾之外的垃圾，主要包括废弃保鲜膜（袋）、废弃纸巾、大棒骨、陶瓷、灰土、烟头等。

厨余垃圾

　　顾名思义，这类垃圾是由人们日常的烹饪和饮食活动制造的，是我们生活中如影随形的"伙伴"，比如饭菜、蛋壳、果壳、果皮、鱼刺……由于这类垃圾大部分是含水有机物，无害化和资源化较为简便，所以是堆肥处理的好原料。

　　但要注意的一点是，炖汤等用剩的大棒骨并不属于厨余垃圾，因其难以降解和再利用，所以只能归入其他垃圾中。

垃圾变肥料

　　厨余垃圾可以转变成有机肥料，不仅可以改善土壤质量，还可以滋养苗木花圃，起到美化环境、推动有机耕作、促成全面绿化的作用。

厨余类

蔬菜	剩饭菜	鱼刺
细骨	蛋壳	茶渣
较轻、较薄的果壳	果皮	牛奶 (不含包装)
过期罐头 (不含包装)	肉类	零食

可回收物

生活垃圾中有相当一部分是具有回收再利用价值的，例如纸张、金属、塑料、玻璃、织物等，这些物品经过特定的工业化处理之后就会摇身一变，再度成为我们生活中可供利用的资源。

废纸类

包装纸	报纸	纸盒、纸箱
图书	废本	期刊
混合废纸	办公用纸	广告纸

金属类

易拉罐

罐头盒

金属容器

塑料类

塑料袋

塑料包装物

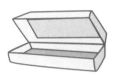

一次性塑料餐盒

塑料牙刷

塑料餐具

塑料瓶

塑料泡沫

塑料桶

塑料笔

玻璃类

玻璃瓶	碎玻璃片	镜子
灯泡	暖瓶	其他玻璃制品

织物类

废弃衣服	桌布	毛巾
书包	鞋袜	被褥

垃圾回收再利用的可观价值

 每 1 吨废纸  可造纸 800 公斤，相当于少砍伐树龄为 30 年的大树 10 余棵

 每 1 吨废旧钢铁  可炼钢 900 公斤，相当于节约 3 吨铁矿石

 每 1 吨废旧塑料  可制造出 600 公斤燃油

 每 1 吨废玻璃 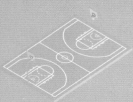 可生产出篮球场面积大小的玻璃板

 每 1 吨易拉罐 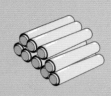 可还原成同等重量的铝材，相当于节约了 20 吨铝矿石

回收价值

废塑料的分类回收价值

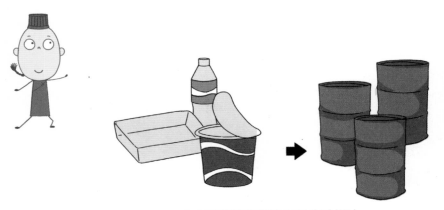

1吨废塑料能提炼600公斤燃油

中国每年使用塑料快餐盒达 40 亿个，塑料方便面碗 5 亿～7 亿个，废塑料占生活垃圾总量的 4% ～ 7%。如果把这些塑料都收集起来，那么，1 吨废塑料就能提炼出 600 公斤的燃油。所以，也有人将回收废塑料称为"开发第二油田"。类似的废物资源还有很多，如果我们都能充分地回收利用，废弃物就会变成巨大的宝库。

废易拉罐、废铁的分类回收价值

 拉环含有一定量的其他元素

罐盖含2%左右的镁，铜、锰含量约为1%

 罐身主要成分是铝，
含有极少量的镁、铜、锰等元素

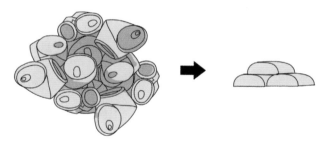

1吨易拉罐熔化后能结成1吨很好的铝块，可少采20吨铝矿

易拉罐罐体的主要成分是铝，但由于罐身、罐盖、拉环所需要的硬度和柔韧度不同，所以需要添加不同比例的其他元素，例如：易拉罐的罐身只含有极少量的镁、铜、锰等元素；罐盖含镁达到2%左右，而铜、锰含量约为1%；拉环虽然在罐体中所占比例较小，但也含有一定量的其他元素。

1吨易拉罐熔化后能结成1吨很好的铝块，可少采20吨铝矿。1吨废钢铁可以炼出0.9吨好钢，并且这比用矿石冶炼节约成本47%，减少空气污染75%，减少97%的水污染和固体废物。

废玻璃的分类回收价值

空气污染

水污染

石英砂

纯碱

长石粉

煤炭

　　废玻璃再造玻璃，不仅可节约石英砂、纯碱、长石粉、煤炭，还可节电，减少大约 32% 的能量消耗，减少 20% 的空气污染和 50% 的水污染。每回收利用 1 吨废玻璃可生产一块篮球场面积大小的平板玻璃或 500 克重的玻璃瓶 2 万只。据估算，回收一个玻璃瓶节省的能量，可使一只 60 瓦的灯泡发亮 4 小时。

　　在我国，废玻璃的利用前景十分广阔，具有很好的经济效益和社会效益。目前，我国每年废玻璃回收率只有 13% 左右，这主要是因为我国的废旧玻璃回收还缺少体系化管理，不够成熟。我们应该在学习借鉴国外先进经验的基础上，动员社会各方力量，加强对废玻璃的回收和利用。

废纸的分类回收价值

100立方米水

3立方米填埋空间

十几颗大树

0.3吨化工原料

600千瓦时电

1.2吨煤

废纸是制造再生纸的原料，回收 1 吨废纸能生产出 0.8 吨好纸，可以挽救十几棵大树，节省 3 立方米的垃圾填埋空间，降低造纸的污染排放 75%，同时，节省水 100 立方米、化工原料 0.3 吨、煤 1.2 吨、电 600 千瓦时。

有害垃圾

　　这类垃圾是垃圾中最危险的角色，因为它们包含有毒有害物质，一旦不加处理就直接丢弃，会给环境带来极大危害。有害垃圾主要包括：油漆、荧光灯管、水银温度计、药品和化妆品等，这些垃圾含有一些危险的化学物质，会对我们的生活环境产生极大危害。

　　这类垃圾会由危险废弃物专业处理单位进行处理，提取其中的有用物质，重新加工利用。这样做不但避免了污染，而且能开发出很大的价值。

药品

药片	胶囊	药水	注射剂

日用化学品

化妆品	洗涤剂	清洁剂	有机溶剂

其他含有有毒有害成分的物品

没有破损的温度计	没有破损的灯管	油漆	胶水

其他垃圾

不包括在上述三大类中的垃圾，目前都可以归属为其他垃圾，例如灰土、陶瓷、烟头、大骨棒等。这些垃圾也许不会对环境造成直接的、严重的污染，但由于难以自然降解、易随风飘散、没有特定的再利用价值等原因，大都需要进行填埋或焚烧处理。

不过这类垃圾在焚烧时产生的热量可以发电，焚烧后产生的灰烬也可以用来制造水泥、再生砖等建筑材料，所以这样看来，真的是"任何垃圾都是宝"啊！

常见其他垃圾

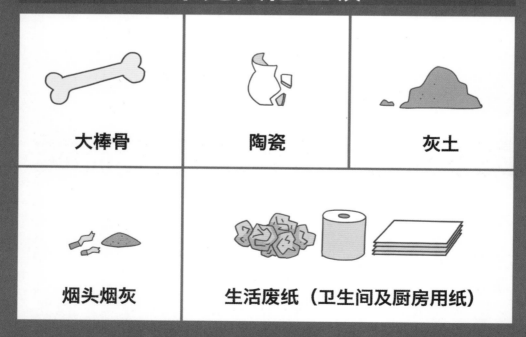

| 大棒骨 | 陶瓷 | 灰土 |

| 烟头烟灰 | 生活废纸（卫生间及厨房用纸） |

小贴士 行动在我

　　垃圾分类和减量绝不是只关乎某些人或某些群体的小事，而是一件"大家齐动手，造福你我他"的大事，所以我们就要从现在做起、从点滴做起。像回收旧衣物、杜绝浪费粮食、抵制一次性用品等，都是我们日常生活中力所能及的垃圾减量好办法。

　　大家可不要小看旧衣物，这貌似无用的东西其实蕴藏着巨大价值。使用旧衣物生产棉纱可节约 20% 的能源，生产无纺布则可节约 35% 的能源，而且通过技术手段，废旧衣物的再生循环工序已经可以做到无废水、无废气、无废渣，非常环保。

　　另外，节约粮食是减少厨余垃圾的重要手段，也是面向全社会提倡"光盘行动"的核心意义之一。有关统计数据显示：我国每年被浪费的食物总量大约为 500 亿公斤，相当于两亿人一年的口粮，这是一个多么惊人的数字！而浪费掉的粮食最终变成了垃圾，更是十分可惜！

　　还有，我们生活中常见的一次性用品，也是垃圾的主要来源之一。例如：餐饮行业使用大量的一次性餐具，酒店行业则使用大量的一次性日用品……诸如此类，不胜枚举。这些一次性用品产生大量垃圾的同时也造成了严重的浪费，所以我们在此向您郑重呼吁：外出就餐或入驻酒店时，尽量不要使用一次性用品，杜绝浪费。垃圾减量，从我做起！

第三章
垃圾减量锦囊妙招

　　除了垃圾分类，日常生活中养成一些好习惯可以减少垃圾的产生，同样非常有助于环保！

养成环保好习惯

居家

废物换钱

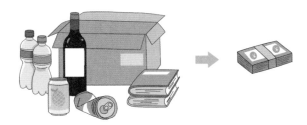

对于还可以再次回收利用的废弃物，不要随便丢弃，而应该分类存放，等累积一定数量之后，可以交由废品回收人员处理，以减少资源的浪费，进而保护环境，同时还能获得一定的经济收益。

厨余废物

日常饮食中产生的剩菜、剩饭、细骨、菜根、菜叶、蛋壳等废物，也要单独收集到一起，然后统一放到标有"厨余垃圾"的垃圾桶中。经过科学处理后，它们都可以变成有用的肥料。

学校

循环用笔

　　尽量避免使用一次性的圆珠笔、铅笔等，改用可以更换笔芯的圆珠笔和自动铅笔，或者钢笔。这样做既经济实惠，还能保护环境。

双面用纸

　　另外，学习中使用的草稿纸、打印纸等，也不要随便丢弃，当一面用完后，可以再换另一面使用。这样做既可以做到环保，还能减少购买新纸所需要的开支。

生活

精简日用

　　尽量少买不必要的物品，因为买得愈多，需要处理的废弃物也愈多。比如零食，大多装在精美的盒子或者包装袋里，然而不管这些包装多么精美，里面的食物被吃完后它们都会变成垃圾，污染我们生活的环境。

餐馆

适量点餐

　　到餐馆就餐时，应该注意适量点餐，不要暴饮暴食，更不要铺张浪费。这样做既经济合算，还可以减少厨余垃圾的产生。

剩饭打包

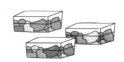

　　外出就餐时，如果有剩余的食物没有吃完，可以请服务员帮忙打包带回家。这既是一种勤俭节约的美德，还有助于实现垃圾减量目标。

餐具选择

　　拒绝一次性和不可降解餐具，比如一次性筷子、不可降解餐盒等。这些物品会消耗大量资源或者制造"白色污染"。所以，就餐时应尽量选择可以重复使用的餐具。如果离家比较近，还可以考虑自带餐具，既卫生又环保。

购物

包装简单

在选购商品时，尽量选择包装简单或者大包优惠装的商品。少买那些包装复杂、华而不实的商品。

自备手袋

每次去商场、超市前，都要提前准备好环保购物袋。这样在买完东西结账后，就可以直接装好带回家，避免购买塑料袋造成白色污染。既省钱，又环保。

循环利用

购物时应尽量选择带有循环再生标志、中国环境标志、中国节能认证标志的环境友好型商品。在购买没有任何环保标识的商品时要格外谨慎。

外出

自备用品

北京市约有三星级以上宾馆、饭店、招待所客房数十万间，按入住率 70% 计算，每年可产生上亿套一次性洗漱用品，按每套 100 克计算，每年产生 1 万多吨废弃物，这无疑会给我们的垃圾处理工作带来很多难处。所以，如果是长时间出门，需要在外面住宿，建议大家随身携带可以重复使用的洗漱用品，不要购买和使用一次性用品。

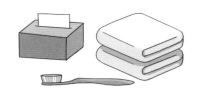

环保自觉

在旅游、出行过程中，要注意随时收集自己产生的各种垃圾，不要随意丢弃，污染环境。此外，对于其他游客不小心或者因为缺乏环保意识而随意丢弃的垃圾，我们要尽量收集起来，放到景区的垃圾箱里。近年来，风景优美的旅游区屡遭"旅游垃圾"的污染，特别是在节假日出游高峰期间，各旅游景点遭受"垃圾炸弹"袭击惨变"垃圾池"等消息让人触目惊心。"旅游垃圾"已成为一种公害，我们一定要通过自己的行动改变这种状况。

变废为宝小手工

废旧光盘变电扇

旧轮胎制作防滑鞋底

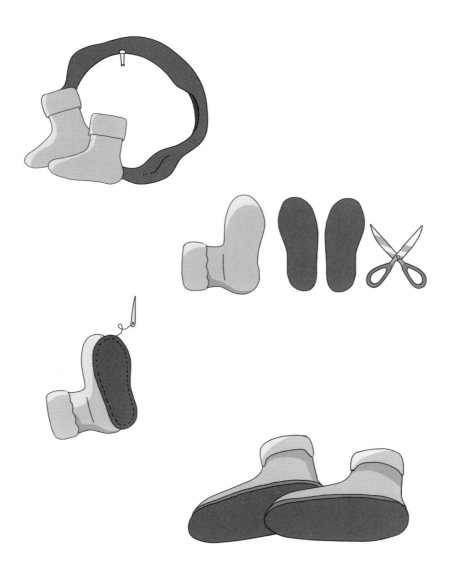

牛仔裤缝制时尚手袋

旧皮带制作隔热套

软木板改造成画板

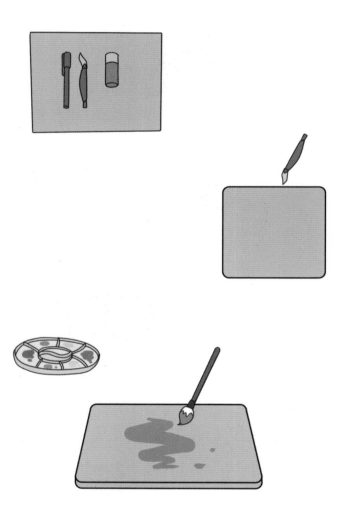

旧 T 恤摇身变围裙

塑料桶制作车把防风罩

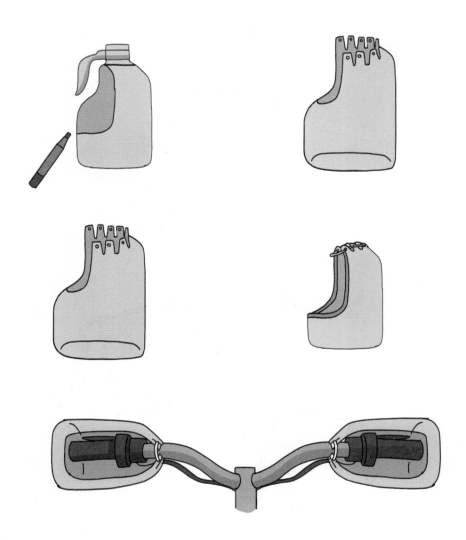

瓦楞纸巧变电脑支架

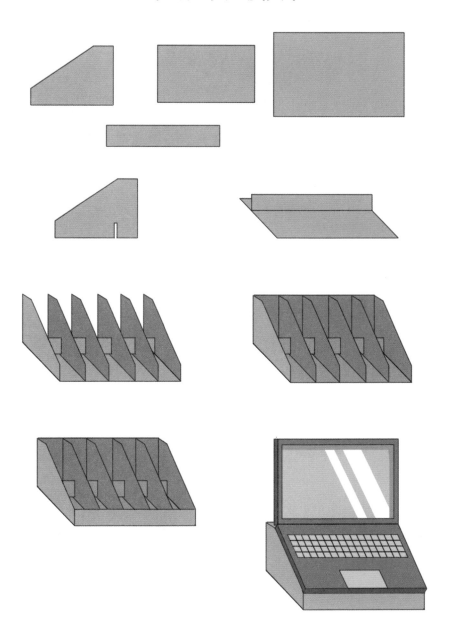

椰子壳妙用

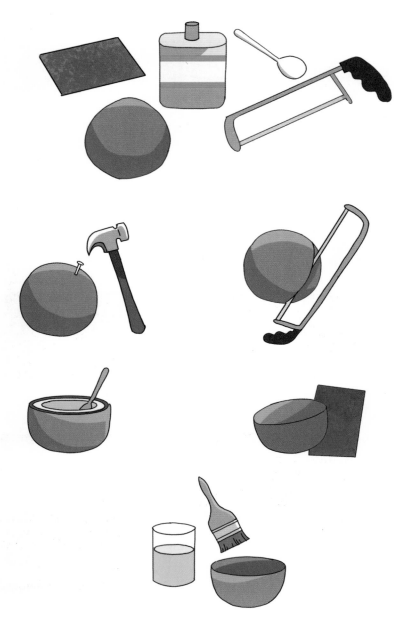

旧衣架巧变化

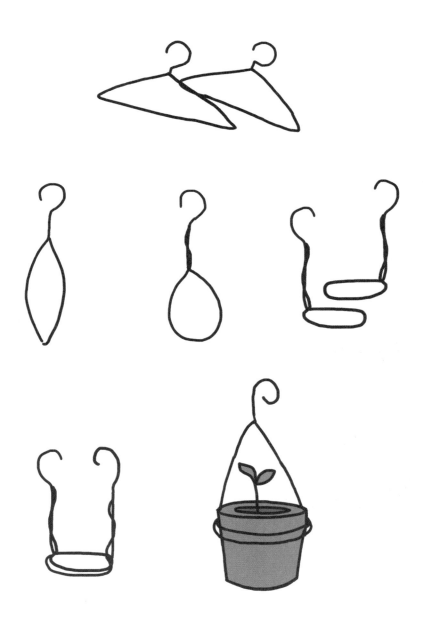

小贴士 💡 点石成金

在各种垃圾中，建筑垃圾一直是非常让人头疼的一类。曾几何时，因其缺乏循环利用的价值，而被称为"渣土"，堪称"垃圾中的垃圾"。但随着科学技术的发展，人们发现就连建筑垃圾中也蕴含着宝藏。

2012年11月，一条特殊的公路在北京建成了。这条路虽然看上去和普通公路没什么区别，但它18厘米厚的路基却是用4000多吨再生环保材料铺就的。而这种材料正是通过对建筑垃圾的破碎、筛分得到的再生骨料，是货真价实的点石成金、变废为宝。

而在江苏苏州，有一位叫洪宝华的"收废品个体户"，在常年和废品打交道的过程中，凭借敏锐的头脑和眼光，看到了建筑垃圾中蕴藏的巨大价值。于是他专门组织人手开始大量收集建筑垃圾并卖给具备环保再生技术的企业，仅这一项业务每年就能帮他净赚十几万元，他在找到了生意经的同时也为环保做了很大贡献。

第四章
垃圾分类榜样国度

 # 日本

　　提起垃圾分类，我们首先应该想到的榜样并非是遥远的欧美，而是近邻日本。日本在垃圾分类和处理方面的细致和深入早已誉满全球。在日本，生活垃圾分为可燃垃圾、不可燃垃圾、资源类垃圾、有害类垃圾和大型类垃圾等几大类，而在大类下面还分若干小类，比如不可燃垃圾又细分为小家电、铁制容器等。

　　政府会向居民发放垃圾分类指导手册，详细讲述垃圾分类方法和回收时间。日本的垃圾回收有明确的时间表，例如：每周二和周五回收可燃性普通垃圾，每周一回收塑料容器类垃圾，每周四回收金属罐等"缶类"垃圾，每月的第四个星期三回收纸张和织物等。居民不但要对垃圾进行准确分类，而且必须在指定日期的指定时间将打包好的垃圾放到指定位置，一旦错过就会被拒收，只能等待下次。如果要扔的是家具等大件垃圾，还要提前向垃圾处理部门打电话申请，并且缴纳一定的处理费用。

　　虽然规矩很是复杂甚至严苛，但日本居民都会自觉遵守，因为日本人不但从幼儿园就开始接受系统而严格的垃圾分类教育，而且他们知道，不按规定丢垃圾的后果会很严重，不仅可能受到批评、罚款，重者甚至会被判刑。难怪初到日本的游客大都会为这里整洁的环境感到惊讶。

瑞士

瑞士的垃圾分类同样非常详尽，每类垃圾都有对应编号，例如：

1. 厨余垃圾；
2. 不可回收的其他垃圾；
3. 纸类垃圾包括纸板箱、鸡蛋盒；
4. 旧电器；
5. 旧家具；
6. 铝合金罐头盒；
7. 铁合金罐头盒；
8. 玻璃制品；
9. 陶瓷制品；
10. 咖啡铝包装；
11. 废塑料袋；
12. 旧衣服鞋帽；
13. 花木枝叶；
14. 废电池；
15. 旧灯泡；
16. 药品；

……

瑞士的居民区都有专用的大号垃圾箱，可降解的厨余垃圾和不可回收的其他垃圾，都必须分别用专用垃圾袋装好才能投放，任何其他袋子装垃圾都不被许可，而且这些垃圾袋都是需要付费购买的，越大的袋子价格越高。

纸类垃圾，例如纸板箱、鸡蛋盒等，不可以随意丢入垃圾箱，而是每周由专门车辆定时收集，居民需要把这类垃圾提前分类装好，放置在垃圾收集点，一旦错过时间只能等待下次。至于旧电器、旧家具等，收集周期会更长，从一个月到一个季度不等。而金属、玻璃、陶瓷、塑料、织物等有再生利用价值的垃圾，必须投放到指定地点的指定桶内，而且要把垃圾中的各种容器清空，金属罐、塑料瓶等要压扁。甚至连树枝、枯叶这类垃圾在瑞士也是单分一类的，居民需要把收集到的这类垃圾定期、定点进行投放，然后会有专业人员进行整理和堆肥。

　　像电器、药品这类可能产生毒害的垃圾，瑞士政府规定由销售单位负责回收，凡是售卖这类产品的商家，必须放置专用投放箱。居民上街时带上这类垃圾，到电器店和药店就可以投放。

　　虽说瑞士的垃圾分类细致而严格，看起来似乎让人有些头疼，但居民都会出于修养而自觉履行。一旦有人违反很可能遭到举报，而且会直接由警察出面进行罚款等处罚。在日常的垃圾分类和处理上下足了功夫，难怪瑞士的环境质量蜚声世界。

美国

　　美国每个州的垃圾处理相关法律法规会略有不同，但总体上都是比较严格和系统化的，每个地区的居民都需要按照政府发布的垃圾回收计划以及垃圾分类方法对垃圾进行简单处理。例如玻璃品、塑胶品、纸板、报纸等，都要分类归纳好，垃圾处理公司在收垃圾时就可以分别装车。另外，每周都会有指定的废物垃圾收取日，居民要按时间规定把分类包装好的垃圾摆到路边，以便垃圾车收取。

　　除了常见的生活垃圾之外，清洁剂、涂料稀释剂、杀虫剂、灯泡和灯管、温度计、电子垃圾、蓄电池等有害垃圾都不得直接放入垃圾桶中，必须交给指定的回收点。由于行业发展非常成熟，美国有一些经营垃圾处理业务的公司已经成为上市企业。

英国

英国一般将垃圾分为生活垃圾、可回收垃圾、建筑垃圾、废旧家具、电器、电池等，其中可回收垃圾分类更加细化，包括玻璃瓶、塑料瓶、易拉罐、废旧报纸等。很多英国住宅区里都有一个专门存放垃圾的小屋，在某些高档社区这种"垃圾小屋"甚至是安装密码锁的，受到严格管理。而垃圾桶也会分类摆放，居民需要把垃圾分类投放，定期由大型垃圾车来统一回收。

针对旧家具，英国还开设有专门的二手家具慈善店，把旧家具送到店里，然后由店家低价卖给经济拮据的人，所得收入归店家和慈善机构所有。这样做就为环保和慈善做了双重贡献。如果是没有再利用价值的大件废物，要么自己想办法运送到郊区的垃圾处理中心，要么花钱请专业处理公司来回收，同样不可以随便乱扔。

法国

在法国，垃圾分类回收既是一种行为习惯，又是一种经济体系。法国的垃圾分类最多可以细化到 20 多个门类，大体上包括不可回收的生活垃圾、可回收的循环垃圾、玻璃制品、电器等。居民需要认准不同颜色的垃圾桶丢弃垃圾：绿色盖子——不可回收的生活垃圾；灰色盖子——可回收的循环垃圾；白色盖子——玻璃制品；而冰箱、电视机、微波炉等家用电器，则会有专门的人员和车辆定期前来回收。

法国对乱丢垃圾的惩处办法包括：将任何类型的废物、废料等垃圾丢弃或抛撒到公共场所或不属自己又没有受益权、租用权的地方的人，将会被处以罚款；丢弃废旧汽车或需要用车辆才能搬运清理的大件物品的人，将被加重处以罚款甚至监禁。

德国

德国从 1904 年就开始实施城市垃圾分类收集，厉行垃圾分类已经超过 100 年。德国的学校和家庭也会从孩子很小的时候就开始进行垃圾分类教育。

在德国的住宅区，各家都会放置四个不同颜色的垃圾桶，分别盛放生活垃圾、纸类垃圾、塑料垃圾和其他垃圾。这些垃圾桶由当地相关部门免费提供，但用户需要根据垃圾桶的容量大小缴纳垃圾处理费，选择的垃圾桶容量越大，收费则越高。用户每年都会收到一张年度垃圾回收计划单，每周都会有垃圾回收车辆按计划前来收取。

瑞典

在瑞典，垃圾分类也是从家庭就开始进行的，每个家庭里都会准备不同的垃圾桶，分别收集玻璃、金属、纸张、塑料和厨房垃圾等，每条街道也都设有不同分类的垃圾箱。瑞典的公共场所大都设有易拉罐和玻璃瓶自动回收机，居民将易拉罐、玻璃瓶等投入其中，机器便会打印收据，凭此收据可以兑换现金奖励。瑞典的环卫机构会给居民发放四种纤维袋，分别用来盛放废纸、金属、玻璃、纤维，并每月收集一次，剩余的其他垃圾则是每周收集一次。

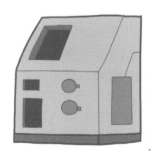

全球垃圾趣味大搜罗

1. 垃圾博物馆

坐落于美国新泽西州，馆内的展品全都是经过卫生处理的垃圾制品。

2. 垃圾游乐园

位于英国威尔士，这里的游乐设施全都是用垃圾改造的。

3. 垃圾电影院

位于英国，影院银幕使用数万块废布拼成的，就连座椅和服务员的着装都是用垃圾改造成的。

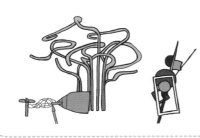

4. 垃圾雕塑园

位于德国汉堡，这座雕塑园中的雕塑作品，全都是由废弃的工业零部件打造的，构思巧妙、造型独特。

5. 垃圾银行

位于泰国，目的是培养小朋友的环保意识，捡到垃圾并准确分类，可以拿到银行换取学习用品。

小贴士　科技引领

　　展望垃圾处理的未来，科学技术必将成为引领因素，只有具备更加科学、高效的手段，才能取得更好的效果。世界上很多发达国家都下了很大功夫来提升垃圾处理的科技含量，例如：拥有雄厚科技实力的德国，把很多先进技术用于垃圾处理，除了焚烧发电、固体熔渣制作建筑材料之外，凭借先进的冶炼技术，德国每年还能通过回收废旧钢铁节约几十亿欧元的成本，由于垃圾资源化能力很强，德国每年甚至愿意从国外进口数百万吨垃圾，转化为自己的资源；而美国则将先进的等离子技术应用于垃圾处理，其大致原理是通过等离子环境使垃圾转化为能量和熔渣，从而把大量的垃圾变成能源和建筑材料，目前我国也在尝试引进这种先进技术。